BEI GRIN MACHT SICH IHR WISSEN BEZAHLT

- Wir veröffentlichen Ihre Hausarbeit, Bachelor- und Masterarbeit

- Ihr eigenes eBook und Buch - weltweit in allen wichtigen Shops

- Verdienen Sie an jedem Verkauf

Jetzt bei www.GRIN.com hochladen und kostenlos publizieren

GRIN

Peter Klapper

Mechanismus der Zinkextraktion mit Di(2-ethyl-hexyl)phosphorsäure in Dodekan gelöst

GRIN Verlag

Bibliografische Information der Deutschen Nationalbibliothek:

Die Deutsche Bibliothek verzeichnet diese Publikation in der Deutschen National-
bibliografie; detaillierte bibliografische Daten sind im Internet über http://dnb.d-
nb.de/ abrufbar.

Impressum:

Copyright © 2011 GRIN Verlag GmbH
Druck und Bindung: Books on Demand GmbH, Norderstedt Germany
ISBN: 978-3-656-71233-6

Dieses Buch bei GRIN:

http://www.grin.com/de/e-book/277437/mechanismus-der-zinkextraktion-mit-di-2-
ethylhexyl-phosphorsaeure-in-dodekan

Mechanismus der Zinkextraktion mit Di(2-ethylhexyl)phosphorsäure in Dodekan gelöst

1 Problemstellung

Für die verfahrenstechnische Prozessgestaltung bei der Zinkextraktion ist die Kenntnis der einzelnen Transferschritte unerlässlich. Leider existieren für die Zinkextraktion mit Di(2-ethylheyl)phosphorsäure (HDEHP) die verschiedensten Vorstellungen für die extraktive Grenzflächenreaktion und die Solvatisierungsreaktionen. So findet man in der Literatur allein vier verschiedene Mechanismen für die Zinksalzbildung an der Phasengrenzfläche: Zum einen werden die Zinkionen mit den adsorbierten Monomeren [1,2,3,4] oder den alternativ adsorbierten Dimeren [5,6] umgesetzt, zum anderen erfolgt die organische Zinksalzbildung durch die Reaktion zwischen den Zinkionen und den anionischen Monomerresten [2,3,4] oder dem anionischen Dimerrest [7,8,9]. Ähnlich vielfältig sind die postulierten Solvatisierungsreaktion. Hier findet man Unterschiede bezüglich des Reaktionsortes und der Reaktionspartner. Für die einen Autoren [8,9,10] finden die Solvatisierungsreaktionen in der Phasengrenze statt, für die anderen Autoren [11,12,13] stellt die Solvatisierungsreaktion den Desorptionsmechanismus für die Organozinksalze dar und wieder andere [1] lassen auch Solvatisierungen in der organischen Volumenphase zu.

Bevor man allerdings die einzelnen Mechanismen formuliert, ist es erforderlich, zu prüfen, in welcher Zinkorganokomplexform die HDEHP-Zink-Komplexe vorliegen. Auch hier findet man keine einheitlichen Darstellungen. So gehen die meisten Autoren von monomer- und dimersolvatisierten Zinkkomplexen in der organischen Phase aus [14,15,16]. *Scheffler et al.* [17] verdeutlichen anhand eigener Untersuchungen und Literaturdaten den Einfluss der Zinkbeladung auf die Stöchiometrie - mit zunehmender Beladung verringert sich die Anzahl der Liganden von maximal 2 HDEHP-Molekülen bis auf das völlige Fehlen von Liganden. Auch *Morais et al.* [18] zeigen anhand FTIR-spektroskopischer Messungen, dass bei geringer Zinkbeladung des Kationenaustauschers die monomersolvatisierte Zinkkomplexform dominiert, während mit zunehmender Beladung die Bedeutung des unsolvatiserten Komplexes ansteigt.

2 Experimentelles

Zur Demonstration der verschiedenen Zinkkomplexformen - mit und ohne Liganden - wurden für unterschiedliche pH-Werte, die durch die Zugabe von verdünnter Natronlauge konstant gehalten wurden, Beladungskurven einer 5 Vol-%igen HDEHP-Lösung mit Dodekan als Verdünnungsmittel aufgenommen. Nach Erreichen des Gleichgewichtszustandes, der über die zeitliche Konstanz des pH-Wertes ohne Zusatz weiterer Elektrolyte detektiert wurde, erfolgte die spektroskopische Bestimmung des Zinkgehaltes in der wässrigen Phase.

Für die Bestimmung der in und an der Phasengrenze ablaufenden Reaktionen wurden die stationäre und die dynamische Grenzflächenspannung der Wässer-Öl-Phasengrenze tensiometrisch - mittels der Tropfenprofilanalyse am hängenden Tropfens [19] - für Stoffsysteme unterschiedlicher Zinkbeladungen ermittelt. Die untersuchten Systeme zur Bestimmung der Gleichgewichtsgrenzflächenspannung wurden vor Versuchsbeginn in einer Schüttelvorrichtung bei einem Phasenverhältnis von einem Anteil Öl zu zwei Anteilen Wasser 24 Stunden gemischt. Durch die Variation der Schwefelsäure- und Natronlaugekonzentrationen in der wässrigen Vorlage wurde im nichtextraktiven Stoffregime Wahlweise die Adsorption von ionischen oder nichtionischen grenzflächenaktiven Komponenten des Kationenaustauschers unterdrückt. Im extraktiven Stoffsystem wurde durch Zugabe von Schwefelsäure zusätzlich das Extraktionsgleichgewicht verschoben, um so die Wechselwirkungen zwischen dem beladenen Anteil des Kationenaustauschers und dem unbeladenen intensiver zu studieren.

3 Ergebnisse

Die Ermittlung der verschiedenen Solvatisierungsformen des beladenen Kationenaustauschers erfolgt auf der Basis der Gesamtreaktion:

$$Zn^{2+} + n\,\overline{(HR)_2} \Leftrightarrow \overline{ZnR_2(HR)_{2(n-1)}} + 2H^+ \tag{1}$$

Hierzu werden die Zinkbeladungen als Funktion der Zinkkonzentration in der wässrigen Raffinatphase für unterschiedliche pH-Werte ermittelt. Während die experimentellen Beladungen über die Massenbilanz der wässrigen Phase berechnet werden,

$$c_{\overline{Zn}} \cdot V_o = \left(c_{Zn,0} - c_{Zn,w}\right) \cdot V_w \tag{2}$$

logarithmiert man für die rechnerische Bestimmung das Massenwirkungsgesetz der Gesamtreaktion:

$$K_{Ex,n} = \frac{c_{\overline{ZnR_2(HR)_{2(n-1)}}} \cdot c_{H^+}^2}{c_{Zn^{2+}} \cdot c_{\overline{(HR)_2}}^n} \tag{3}$$

Nach der Einführung des Zinkverteilungskoeffizienten

$$D_{Zn} = \frac{c_{\overline{Zn}}}{c_{Zn^{2+}}} = \frac{c_{Zn,o}}{c_{Zn,w}} \tag{4}$$

formt man die resultierende Linearisierung bezüglich des Logarithmus der Konzentration der ungebundenen Dimere so um, dass Ordinatenabschnitt und Steigung der Geradengleichung durch die beiden Konstanten des Gleichgewichtes dargestellt werden.

$$\log D_{Zn} - 2pH = \log K_{Ex,n} + n \cdot \log c_{\overline{(HR)_2}} \qquad (5)$$

Da die freie Dimerkonzentration unbekannt ist, wird sie aus der Differenz zwischen der Dimergesamtkonzentration und des im Zinkorganokomplex stöchiometrisch gebundenen Anteils gebildet.

$$c_{\overline{(HR)_2}} = c_{\overline{(HR)_2},ges} - n \cdot c_{\overline{Zn}} \qquad (6)$$

Aus der Kombination der Beziehungen Gl. (4) und Gl. (5) werden die Gleichgewichtsparameter Gesamtextraktionskonstante und stöchiometrischer Faktor numerisch durch Anpassung an die Experimentaldaten kalkuliert und die zugehhörigen Zinkbeladungen berechnet.

Bild 1 zeigt die experimentell und rechnerisch ermittelten Zinkbeladungen als Funktion der Zinkionenkonzentrationen für drei unterschiedliche pH-Werte. Die notwendigen Gleichgewichtsparameter sind ebenso wie die jeweiligen berechneten Maximalbeladungen, die den reziproken stöchiometrischen Koeffizienten entsprechen, als Asymptoten dargestellt.

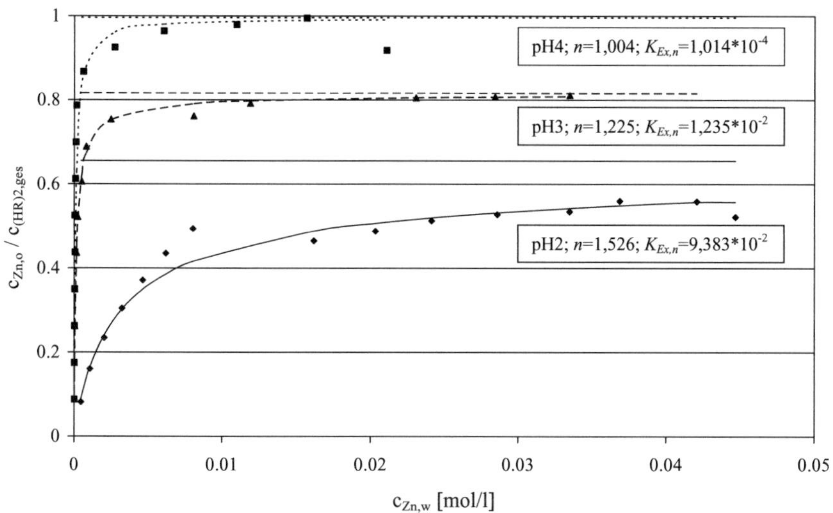

Bild 1: Zinkbeladungen für verschiedene pH-Werte

Wie die Beladungskurve für den pH-Wert 4 zeigt, wird bei höheren Zinkionenkonzentrationen eine fast vollständige Beladung der Dimere erreicht. Dieses Resultat deckt sich mit dem Befund von *Corsi et al.* [20], die eine maximale Zinkbeladung der Dimere von 98 % konstatieren. Dieses Verhalten kann ebenso wie die Beladungskurve für den pH-Wert 3 nur durch die Existenz unsolvatisierter Zinkorganokomplexe interpretiert werden. Die Stöchiometrie für den pH-Wert 2 entspricht der üblicherweise in der Literatur auf der Basis der beiden solvatisierten Zinkorganokomplexe postulierten.

Grundsätzlich gilt für die Dimerisationsneigung des Kationenaustauschers HDEHP, dass diese mit zunehmender Polarität des Verdünnungsmittels abnimmt. Da die Phasengrenze eigentlich keine Fläche sondern ein Volumen ist, in dem die Eigenschaften der wässrigen Phase stetig über eine Grenzschichtdicke in die der Ölphase entsprechend ihrer kontinuierlichen Änderung der stofflichen Zusammensetzung übergehen, nimmt die Polarität ausgehend von der Ölphase zur wässrigen Phase hin zu und somit die Dimerstabilität derart ab, dass die Dimerisate des HDEHP's in der Phasengrenze vernachlässigt werden können [2,3,21,22]. Aufgrund dieser Betrachtung kann davon ausgegangen werden, dass lediglich das Monomer und dessen anionischer Rest in der Phasengrenze angereichert werden können. Aufschluss darüber, ob beide Komponenten angereichert werden oder nur eine, geben die Verläufe der Gleichgewichtsgrenzflächenspannung im nichtextraktiven Stoffregime.

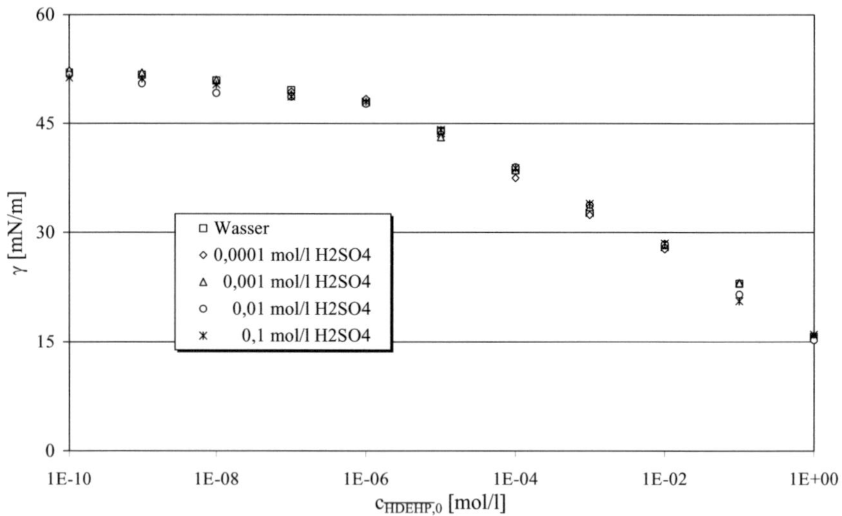

Bild 2: Gleichgewichtsgrenzflächenspannungen als Funktion der HDEHP-Konzentration für verschiedene Schwefelsäurezusätze

Die Gleichgewichtsgrenzflächenspannungen bei Variation der Schwefelsäurekonzentration in der wässrigen Ausgangslösung zeigen keine Sensitivität bezüglich des Protonenzusatzes (Bild2). Da grundsätzlich mit der Zunahme der Protonenkonzentration das Gleichgewicht eines Säure-Base-Paares in Richtung der Säure verschoben ist, kann man folgern, dass die Änderungen der

Grenzflächenspannungen bei den höher konzentrierten Schwefelsäurezusätzen eine Folge der Monomeranreicherung sind.

Die fehlende Sensitivität bezüglich des Schwefelsäurezusatzes kann insbesondere bei den geringen Zusätzen auch eine Folge der Kompensation der Abnahme der Grenzflächenspannungsänderung aufgrund der reduzierten Monomeranreicherung durch die zunehmende Adsorption des anionischen Kationenaustauscherrestes sein. Diesen Sachverhalt verdeutlicht die Gibbs-Duhem'sche Gleichung ohne Berücksichtigung eines Gegenioneneinflusses, die die Änderung der Grenzflächenspannung mit den Änderungen der Konzentrationen bzw. Aktivitäten in den Bulkphasen verknüpft.

$$\partial\gamma = -\Re T \sum_i \Gamma_i \partial \ln a_i \approx -\Re T \sum_i \Gamma_i \partial \ln c_i = -\Re T \left(\Gamma_{\overline{HR}} \frac{\partial c_{\overline{HR}}}{c_{\overline{HR}}} + \Gamma_{R^-} \frac{\partial c_{R^-}}{c_{R^-}} \right) \tag{7}$$

Wie man aus der Superposition der einzelnen Beiträge zur Grenzflächenspannungsänderung erkennen kann, kann die gleiche Änderung der Grenzflächenspannung durch verschiedene Kombinationen der unterschiedlichen Beiträge der einzelnen Komponenten hervorgerufen werden.

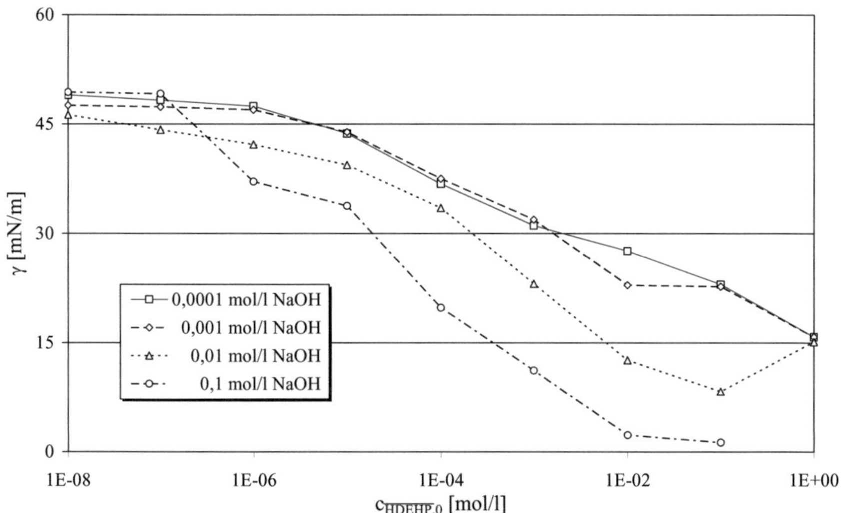

Bild 3: Gleichgewichtsgrenzflächenspannungen als Funktion der HDEHP-Konzentration für verschiedene Natromlaugezusätze

Setzt man statt Schwefelsäure der wässrigen Phase Natronlauge zu, so unterscheiden sich je nach Laugekonzentration die Verläufe der Gleichgewichtsgrenzflächenspannung erheblich (Bild 3).

Zwar sind bei den niedrigen Natronlaugekonzentrationen wiederum keine wesentlichen Unterschiede erkennbar, aber wenn entweder 0,1 mol/l oder 0,01 mol/l Natronlauge vorgelegt werden, kommt es zu einem starken Grenzflächenspannungsabfall. Dieses Verhalten demonstriert die deutlich größere Grenzflächenaktivität des anionischen Restes als jene des Monomers und wird durch die Befunde von *Goankar et al.* [23] bestätigt.

Die Gleichgewichtsgrenzflächenspannungen nach erfolgter Zinkextraktion aus Lösungen unterschiedlicher Zinkanfangskonzentration ähneln einander (Bild 4). Lediglich im Bereich der starken Änderung der Grenzflächenspannung nimmt diese mit dem Zinkgehalt in der wässrigen Phase respektive der Zinkbeladung der organischen Extraktphase zu. Auffällig ist auch die Ähnlichkeit mit der Messkurve ohne Elektrolytzusatz für HDEHP-Gesamtkonzentrationen kleiner als 1 μmol/l und größer als 0,01 mol/l.

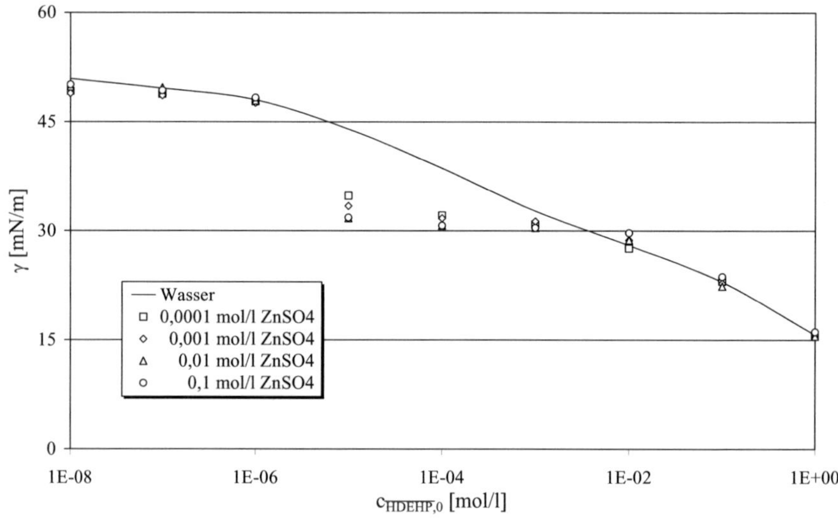

Bild 4: Gleichgewichtsgrenzflächenspannung als Funktion der HDEHP-Konzentration bei der Zinkextraktion aus verschiedenen konzentrierten Zinklösungen

Die Ähnlichkeit des Grenzflächenspannungsverlaufs zwischen den Systemen mit Zinkextraktion und ohne Elektrolytzusatz für die kleinen HDEHP-Gesamtkonzentrationen ist zufällig, da die Gibbs-Duhem'sche Gleichung bei vollständiger Kationenaustauscherbeladung - diese Bedingung ist wegen des pH-Wertes größer als 4 entsprechend der Zinkbeladungskurven (Bild 1) erfüllt - nur durch die Kennwerte der Zinkkomplexadsorption beschrieben wird.

$$\frac{c_{\overline{ZnR_2}}}{2c_{\overline{HDEHP,0}}} \approx 1: \quad \partial\gamma \approx -\Re T\Gamma_{\overline{ZnR_2}}\frac{\partial c_{\overline{ZnR_2}}}{c_{\overline{ZnR_2}}} \tag{8}$$

Der starke Grenzflächenspannungsabfall im Bereich 1-10 µmol/l HDEHP-Gesamtkonzentration demonstriert die ausgeprägte Grenzflächenaktivität des beladenen Kationenaustauschers. Der sich anschließende Plateaubereich ist eine Folge der bekannten Bildung von Makrokomplexen des beladenen HDEHP's über Valenzbindungen zwischen den Sauerstoffmolekülen der Phosphorsäureester und den Zinkzentralatomen [24,25] und entspricht dem bekannten Verhalten Mizellen bildender Tenside.

Die Ähnlichkeit zwischen den Grenzflächenspannungsverläufen mit und ohne Zinkextraktion bei den höheren HDEHP-Gesamtkonzentrationen ist eine Folge der abnehmenden Beladung des Kationenaustauschers aufgrund des mit der Zinkextraktion verbundenen Zunahme der Protonenkonzentration und der zunehmenden Solvatisierung des Zinkkomplexes, wobei die gebildeten Komplexe mit ein oder zwei HDEHP-Liganden nichtgrenzflächenaktiv sind. Dieses wird durch die Verläufe der Gleichgewichtsgrenzflächenspannung bei der Extraktion aus schwefelsauren Zinklösungen (Bild 5) bestätigt, da mit dem Anstieg des Schwefelsäurezusatzes die Grenzflächenspannung in den Verlauf ohne Elektrolytzusatz übergeht.

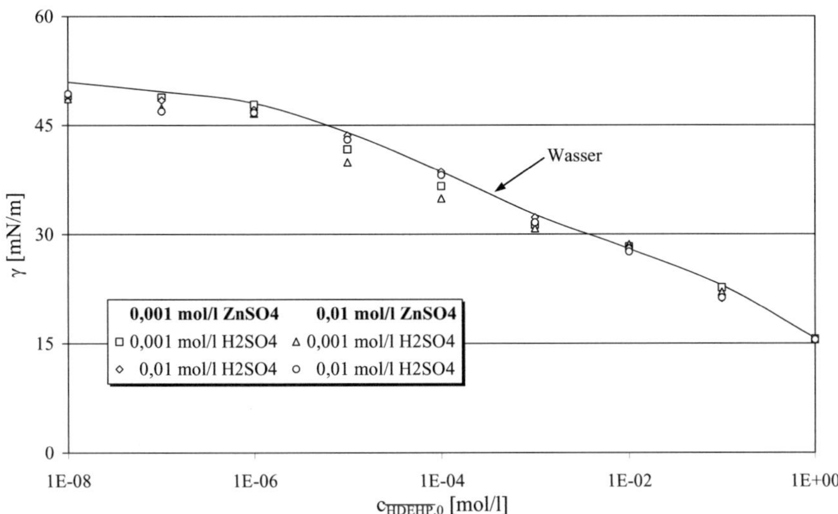

Bild 5: Gleichgewichtsgrenzflächenspannung als Funktion der HDEHP-Konzentration bei der Zinkextraktion aus schwefelsauren Zinklösungen

Wie schon bei der Zinkextraktion aus nichtangesäuerten Lösungen (Bild 4) findet man auch hier nur im HDEHP-Gesamtkonzentrationsbereich von 1 µmol/l bis 10 mmol/l einen Unterschied zu der Messkurve ohne Elektrolytbeigabe. Insgesamt kann man konstatieren, dass bei der

Extraktion aus schwefelsauren Zinklösungen kaum Moleküle des unsolvatisierten Zinkkomplexes in der Phasengrenze angereichert werden.

Wie man den dynamischen Grenzflächenspannungsverläufen nach erfolgter Zinkextraktion (Bild 6) entnehmen kann, erfolgt ab einer HDEHP-Gesamtkonzentration von 100 µmol/l die Änderung der dynamischen Grenzflächenspannung sprunghaft auf Gleichgewichtsniveau. Bis zu der 1 mmolaren HDEHP-Gesamtkonzentration, deren dynamischer Adsorptionsverlauf sich mit der Messkurve der 0,01 molaren Kationenaustauscherlösung deckt, wird die Grenzflächenspannungsänderung durch die Zinkkomplexadsorption dirigiert wird, anschließend bestimmt die Monomeranreicherung die Grenzflächeneigenschaften, wie aus den dynamischen Grenzflächenspannungsverläufen im schwefelsauren und zinkfreien System (Bild 7) hervorgeht. Die Messkurven in diesem Konzentrationsbereich bestätigen die fehlende Grenzflächenaktivität der solvatisierten Zinkkomplexe sowie die starke Solvatisierungsneigung des Zinkkomplexes.

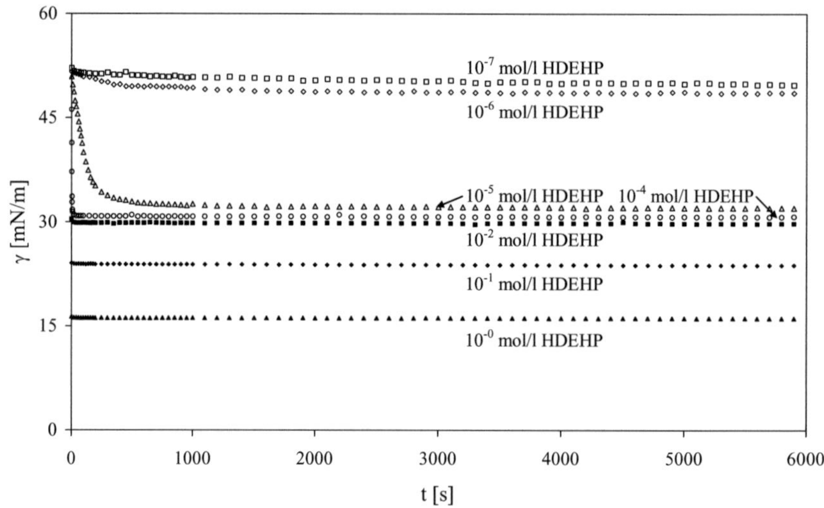

Bild 6: Dynamische Grenzflächenspannung nach der Extraktion aus einer 0,1 molaren
   Zinksulfatlösung

Beide Adsorptionsprozesse erfolgen ohne erkennbare kinetische Sorptionshemmungen. Die sprunghaften Grenzflächenspannungsänderungen zu Messbeginn sind eine Folge der mit zunehmender Konzentration aggregiert vorliegenden Komponenten, deren Selbstorganisation ein Stoffreservoir darstellt, dass im grenzflächennahen Bereich die jeweiligen Konzentrationen von Zinkkomplexes und Monomer stabilisiert.

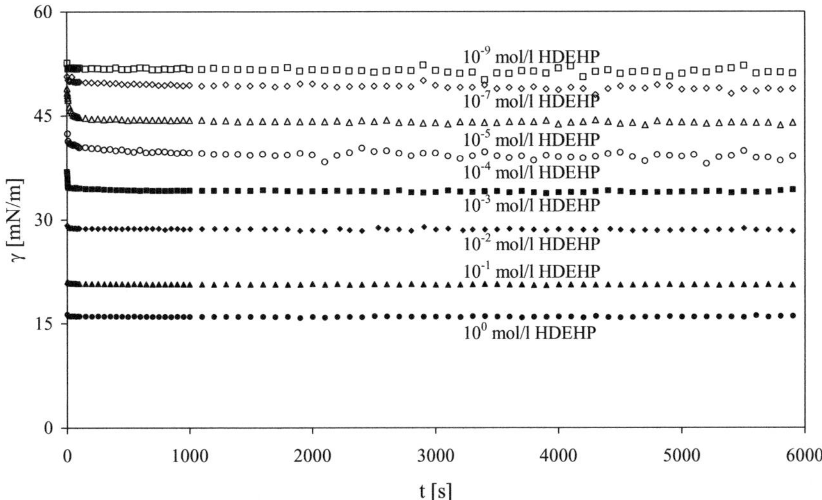

Bild 7: Dynamische Grenzflächenspannung bei Zusatz 0,1 molarer Schwefelsäure

Weil eine gemeinsame Adsorption von Zinkkomplex und Monomer nicht bestätigt werden kann und die dynamischen Grenzflächenspannungsverläufe keinen Hinweis auf einen sorptions- oder gar reaktionskinetischen Einfluss geben, kann man annehmen, dass der Zinkkomplex nach seiner Desorption durch die unbeladenen Kationenaustauschermoleküle solvatisiert wird. Die hohe Neigung des Kationenaustauschers in aliphatischen Lösungsmitteln Dimere auszubilden, lässt vermuten, dass der Zinkkomplex zunächst dimersolvatisiert wird und die monomersolvatisierte Form aus der Rekombination mit den unsolvatisierten Zinkkomplexen entsteht.

$$\overline{ZnR_2} + \overline{(HR)_2} \Leftrightarrow \overline{ZnR_2(HR)_2} \tag{9}$$

$$\overline{ZnR_2} + \overline{ZnR_2(HR)_2} \Leftrightarrow \overline{ZnR_2(HR)} \tag{10}$$

Die Gleichgewichte zwischen den adsorbierten Zinkkomplexen und Monomeren und den analogen Konzentrationen an der Phasengrenze kann zwar über die chemischen Reaktionsgleichungen

$$\overline{HR} \Leftrightarrow (HR)_i \tag{11}$$

$$(ZnR_2)_i \Leftrightarrow \overline{ZnR_2} \tag{12}$$

ausgedrückt werden, allerdings ist das üblicherweise verwendete Massenwirkungsgesetz zur mathematischen Beschreibung der Reaktionsgleichgewichte ungeeignet, da der begrenzte Platz in der Phasengrenze unberücksichtigt bleibt. Daher müssen beide Grenzflächenkonzentrationen über Adsorptionsisothermen mit den Konzentrationen des grenzflächennahen Volumens korreliert werden.

Für den extraktiven Schritt der Zinkkomplexbildung kommen verschiedene Mechanismen in Betracht: zum einen jene der heterogenen Grenzflächenreaktionen

$$Zn^{2+} + 2(HR)_i \Leftrightarrow (ZnR_2)_i + 2H^+ \tag{13}$$

$$Zn^{2+} + 2(R^-)_i \Leftrightarrow (ZnR_2)_i \tag{14}$$

mit der adsorptiven Kopplung

$$R^- \Leftrightarrow (R^-)_i$$

und zum anderen die homogene Reaktion in der wässrigen Phase

$$Zn^{2+} + 2R^- \Leftrightarrow ZnR_2 \tag{15}$$

mit anschließender Adsorption.

$$ZnR_2 \Leftrightarrow (ZnR_2)_i \tag{16}$$

Während die Zinkkomplexbildung über die heterogene Reaktion zwischen den Zinkionen und den Monomeren Gl. (13) wegen der Relevanz der Monomeradsorption in stark sauren Lösungen dominiert, wird mit zunehmendem pH-Wert die Bildung über den anionischen Rest des Kationenaustauschers Gl. (14) bedeutsam. Mit abnehmender Zinkionenkonzentration verlagert sich bei der Extraktion aus basischen Lösungen der Reaktionsort zunehmend in die wässrige Phase. Findet die Reaktion einzig in der wässrigen Phase statt, so liegt eine reaktive Grenzschicht mit homogener Reaktion Gl. (15) vor, deren räumliche Ausdehnung von den Transferraten der Reaktanden abhängt. Kommt es innerhalb dieser Grenzschicht nicht zur vollständigen Verarmung eines Eduktes, erfolgt an der Phasengrenze zusätzlich die heterogene Reaktion Gl. (14).

4 Zusammenfassung

Anhand von Zinkbeladungskurven bei verschiedenen pH-Werten wird gezeigt, dass bei der Zinkextraktion aus wässrigen Lösungen mit dem Kationenaustauscher HDEHP der Zinkkomplex je nach Zinkbeladung unterschiedlich solvatisiert - ohne, mit ein oder zwei Monomer-Liganden – vorliegt.

Über das Vermessen der Gleichgewichtsgrenzflächenspannungen mit verschiedenen Elektrolytzusätzen gelingt der Nachweis der Grenzflächenaktivität des Monomers, des anionischen Kationenaustauscherrestes und des unsolvatiserten Zinkkomplexes. Hier zeigt sich, dass aufgrund der ausgeprägten Solvatisierungsneigung des Zinkkomplexes eine Koexistenz von Monomer und Zinkkomplex in der Phasengrenze nahezu ausgeschlossen werden kann.

Mittels der dynamischen Grenzflächenspannungsverläufe nach erfolgter Zinkextraktion und im schwefelsauren, zinkfreien Stoffsystem wird der Nachweis erbracht, dass die Adsorption der Zinkkomplexe und der Monomere nicht durch Sorptionsbarrieren verzögert wird. Die Beschreibung des Gleichgewichtes zwischen den Komponenten der Phasengrenze und denen des grenzflächennahen Volumenbereiches muss anders als in der Literatur üblich über Adsorptionsisothermen statt über das Massenwirkungsgesetz erfolgen. Als Konsequenz der spontanen Sorption des Zinkkomplexes können die Solvatisierungsreaktionen als homogene Reaktionen in der organischen Volumenphase beschrieben werden.

Da sowohl das Monomer als auch das Kationenaustauscheranion grenzflächenaktiv sind, ergeben sich verschiedene Mechanismen der Überführungsreaktion des Zinks. Bei der Extraktion aus sauren Medien erfolgt die Zinkextraktion über eine Grenzflächenreaktion mit den Monomeren. Steigt der pH-Wert nehmen der Monomeranteil in der Phasengrenze ab und der Anteil des anionischen Kationenaustauscherrestes zu, sodass es zusätzlich zur organischen Salzbildung zwischen den Zinkionen und den Anionen kommt. Wird die Zinkextraktion aus basischen Lösungen durchgeführt, tritt neben der extraktiven Grenzflächenreaktion auch eine homogene Organozinksalzbildung in der Bulkphase auf. Der entstandene Komplex wird an die Phasengrenze transportiert und nach erfolgter Adsorption in die organische Phase überführt.

Literatur

[1]   Aparicio, J.; Muhammed, M.: *Extraction kinetics of zinc from aqueous perchlorate solution by D$_2$EHPA dissolved in Isopar-H*; Hydrometallurgy 21 (1989) 385-399

[2]   Miyake, Y.; Matsuyama, H.; Nishida, M.; Nakal, M.; Nagase, N.; Teramoto, M.: *Kinetics and mechanism of metal extraction with acidic organophosphorus extractants (I): Extraction rate limited by diffusion process*; Hydrometallurgy 23 (1990) 19-35

[3]   Miyake, Y.; Harada, M.: *Extraction rate of metal ions with acidic organophosphorus extractant*; Rew. Inorg. Chem. 10 (1989) 65-92

[4]   Miyake, Y.; Baba, Y.: *Rate processes in solvent extraction of metal ion*; Miner. Process. Extr. Metall. Rew. 21 (2000) 351-380

[5]   Hancil, V.; Slater, M. J.; Yu, W.: *On the possible use of di-(2-ethylhexyl)phosphoric acid/zinc as a recommended system for liquid-liquid extraction: the effect of impurities on kinetics*; Hydrometallurgy 25 (1990) 375-386

[6]   Veglio, F.; Slater, M. J.: *Design of liquid-liquid extraction columns for the possible test system Zn/D$_2$EHPA in n-dodecane*; Hydrometallurgy 42 (1996) 177-195

[7]   Mansur, M. B.; Slater, M. J.; Biscaia, E. C.: *Kinetic analysis of the reactive liquid-liquid test system ZnSO$_4$/D$_2$EHPA/n-heptane*; Hydrometallurgy 63 (2002) 107-116

[8]   Ajawin, L. A.; Perez de Ortiz, E. S.; Sawistowski, H.: *Extraction of zinc by di(2-ethylhexyl)phosphoric acid*; Chem. Eng. Res. Des. 61 (1983) 62-66

[9]   Huang, T.-C.; Juang, R.-S.: *Kinetics and mechanism of zinc extraction from sulfate medium with di(2-ethylhexyl)phosphoric acid*; J. Chem. Eng. Jap. 19 (1986) 379-386

[10] Svendsen, H. F.; Schei, G.; Osman, M.: *Kinetics of extraction of zinc by di(2-ethylhexyl)phosphoric acid in cumene*; Hydrometallurgy 25 (1990) 197-212

[11] Bart, H.-J.; Rousselle, H.-P.: *Microkinetics and reaction equilibria in the system ZnSO$_4$/D$_2$EHPA/isododecane*; Hydrometallurgy 51 (1999) 285-299

[12] Klocker, H.; Bart, H.-J.; Marr, R.; Müller, H.: *Mass transfer based on chemical potential theory: ZnSO$_4$/H$_2$SO$_4$/D$_2$EHPA*; AIChE J. 43 (1997) 2479-2487

[13] Wachter, B.; Bart, H.-J.; Moosbrugger, T.; Marr, R.: *Reactive liquid-liquid test system Zn/Di(2-ethylhexyl)phosphoric acid/n-Dodecane*; Chem. Eng. Technol. 16 (1993) 413-421

[14] Mansur, M. B.; Slater, M. J.; Biscaia, E. C.: *Equilibrium analysis of the reactive liquid-liquid test system ZnSO$_4$/D$_2$EHPA/n-heptane*; Hydrometallurgy 63 (2002) 117-126

[15] Sastre, A. M.; Muhammed, M.: *The extraction of zinc(II) from sulphate and perchlorate solutions by di(2-ethylhexyl)phosphoric acid dissolved in Isopar-H*; Hydrometallurgy 12 (1984) 177-193

[16] Sainz-Diaz, C. I.; Klocker, H.; Marr, R.; Bart, H.-J.: *New approach in the modelling of the extraction equilibrium of zinc with bis(2-ethylhexyl)phosphoric acid*; Hydrometallurgy 42 (1996) 1-11

[17] Scheffler, U.; Finke, W.; Neuschütz, D.: *Verarbeitung komplexer, zinkhaltiger Rohstoffe unter Einsatz der Solventextraktion*; Tech. Mitt. Krupp, Forsch.-Ber. 43 (1985) 9-13

[18] Morais, B. S.; Mansur, M. B.: *Characterisation of the reactive test system ZnSO$_4$/D2EHPA in n-heptane*; Hydrometallurgy 74 (2004) 11-18

[19] Sjöblom, J. (Hrsg.): *Encyclopaedic handbook of emulsion technology*; Marcel Dekker, 2001

[20] Corsi, C.; Gnagnarelli, G.; Slater, M. J.; Veglio, F.: *A study of kinetics of zinc stripping for the system Zn/H$_2$SO$_4$/D$_2$EHPA/n-heptane in a Hancil constant interface cell and a rotating disc contactor*; Hydrometallurgy 50 (1998) 125-141

[21] Szymanowski, J.; Cote, G.; Blondet, I.; Bouvier, C.; Bauer, D.; Sabot, J. L.: *Interfacial activity of bis(2-ethylhexyl)phosphoric acid in model liquid-liquid extraction systems*; Hydrometallurgy 44 (1997) 163-178

[22] Juang; R.-S.; Chang, Y.-T.: *Kinetics and mechanism for copper(II) extraction from sulfate solutions with bis(2-ethylhexyl)phosphoric acid*; Ind. Eng. Chem. Res. 32 (1993) 207-213

[23] Gaonkar, A. G.; Neuman, R. D.: *Interfacial activity, extractant selectivity and reversed micellization in hydrometallurgical liquid/liquid extraction systems*; J. Colloid Interface Sci. 119 (1987) 251-261

[24] Kunzmann, M.; Kolarik, Z.: *Extraction of zinc(II) with di(2-ethylhexyl)phosphoric acid from perchlorate and sulfate media*; Solvent Extraction and Ion Exchange 10 (1992) 35-49

[25] Kolarik, Z.; Grimm, R.: *Acidic organophosphorus extractants - XXIV: The polymerization behaviour of Cu(II), Cd(II), Zn(II) and Co(II) complexes of di(2-ethylhexyl)phosphoric acid in fully loaded organic phases*; J. Inorg. Nucl. Chem. 38 (1976) 1721-1727